RIPPOLDSAU

(FORÊT-NOIRE)

ET

SES SOURCES MINÉRALES

AVEC LES NOUVELLES ANALYSES

DE

M. le professeur BUNSEN, de Heidelberg

PAR

le Dr A. ROBERT

RÉDACTEUR EN CHEF DE LA REVUE D'HYDROLOGIE MÉDICALE
FRANÇAISE ET ÉTRANGÈRE

ET

le Dr FR. FEYERLIN

ASSESSEUR GRAND-DUCAL ET MÉDECIN DES BAINS DE RIPPOLDSAU.

PUBLICATION

de la Revue d'hydrologie médicale française et étrangère.

STRASBOURG

IMPRIMERIE DE G. SILBERMANN, PLACE SAINT-THOMAS, 3.

1862.

REVUE
D'HYDROLOGIE MÉDICALE
FRANÇAISE ET ÉTRANGÈRE.

Directeur-fondateur et rédacteur en chef : Docteur AIMÉ ROBERT.

Conditions de l'abonnement : Pour la France et l'Algérie, un an : 10 fr.; pour l'étranger, le port en plus, suivant les conventions postales. Les abonnements sont d'un an. On s'abonne, à Strasbourg, pour la France, chez DERIVAUX, libraire, rue des Hallebardes, 23 ; pour l'Allemagne, chez ALEXANDRE, rue Brûlée, 7 ; à Paris, chez J. B. BAILLIÈRE, libraire, rue Hautefeuille, 19. Pour tout ce qui concerne les abonnements et les annonces, on peut aussi s'adresser à M. FISCHBACH, à l'imprimerie du journal. Le prix de l'abonnement pourra être envoyé en bons sur la poste ou en timbres-poste de 20 cent.

Ce journal paraît du 15 au 20 de chaque mois. Les ouvrages dont il sera adressé deux exemplaires au rédacteur du journal seront annoncés. Les lettres et paquets non affranchis seront refusés.

Primes offertes aux nouveaux abonnés (une au choix) :

BADE ET SES THERMES.
Magnifique ouvrage illustré de plusieurs planches sur acier et de nombreuses vignettes dans le texte
par les Drs ROBERT et GUGGERT.

Cet ouvrage sera envoyé *franco* à tout abonné qui adressera 1 fr. en timbres-poste.

GUIDE DU MÉDECIN ET DU TOURISTE
AUX BAINS DE LA VALLÉE DU RHIN, DE LA FORÊT-NOIRE, ET DES VOSGES
par le docteur AIMÉ ROBERT
rédacteur en chef de la *Revue d'hydrologie médicale*
AVEC LES NOUVELLES ANALYSES
du professeur BUNSEN.

Cet ouvrage qui coûte 4 fr. sera envoyé *franco* à tout abonné moyennant 2 fr.

Bains de Rippoldsau

RIPPOLDSAU

(FORÊT-NOIRE)

ET

SES SOURCES MINÉRALES

AVEC LES NOUVELLES ANALYSES

DE

M. le professeur BUNSEN, de Heidelberg

PAR

LE DOCTEUR A. ROBERT

Rédacteur en chef de la *Revue d'hydrologie médicale française et étrangère*

ET

LE DOCTEUR Fr. FEYERLIN

Assesseur grand-ducal et médecin des bains de Rippoldsau.

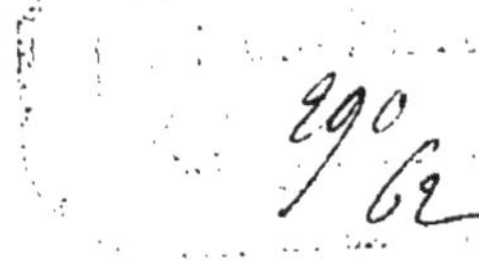

STRASBOURG

TYPOGRAPHIE DE G. SILBERMANN, PLACE SAINT-THOMAS, 3.

1862

RIPPOLDSAU

ET

SES SOURCES MINÉRALES.

CHAPITRE PREMIER.

Topographie. Histoire.

Rippoldsau est situé au pied du Kniebis, dans le bailliage de Wolfach, au fond de la vallée de la Wolf, à deux lieues de Griesbach, quatre lieues de Freudenstadt et cinq lieues de Wolfach. Ces bains sont à 502 mètres au-dessus du niveau de la mer; ils sont entourés de hautes montagnes, parfaitement boisées, qui les garantissent des vents. Cette délicieuse contrée peut rivaliser avec tout ce que les environs de Bade présentent de plus pittoresque et de plus majestueux. Dans cette vallée, la nature grandiose et sévère se trouve à côté d'une nature douce et riante comme celle de la plaine : aussi ces contrastes augmentent-ils la beauté de ces sites enchanteurs. Des cascades tumultueuses, des torrents rapides, des blocs énormes de granit qui bordent la route, des chalets suspendus au-dessus des abîmes, de sombres forêts aux pieds desquelles se déploient des prairies fertiles ; tout ce chaos si pittoresquement enchâssé au milieu d'une nature magnifique, produit une sensation profonde sur le touriste émerveillé. De jolis villages construits dans le style du pays, et les habitants de la Forêt-Noire avec leurs costumes pittoresques achèvent de donner à tout ce paysage une animation extraordinaire. La vallée où se trouvent les bains se continue à celle de Schappach, qui se joint elle-même avec celle de la Kinzig; elle est arrosée par une rivière, la Kniebis, prenant sa source au pied même de la montagne qui porte son nom. Elle fertilise cette charmante vallée, et va se jeter dans la Kinzig, à Wolfach.

La position de Rippoldsau rend ses communications très-faciles, et le voyage à ce bain est d'autant plus agréable qu'on peut le varier. Ainsi deux routes y conduisent : celle de la vallée de la Rench, par Oberkirch, Oppenau, Freyersbach, Petersthal, Griesbach, et par le Kniebis ; celle de la vallée de la Kinzig par Offenbourg et les petites villes de Gengenbach et de Wolfach. On passe ensuite par le village de Schappach, et après deux heures de marche, au détour d'un coude que forme la route à cet endroit, on est agréablement surpris en apercevant devant soi le *Klœsterlé*, ancien couvent de Saint-Nicolas, qui sert aujourd'hui d'église paroissiale à Rippoldsau. Plus loin, de charmantes plantations, des sentiers artistement tracés qui enlacent les montagnes sur lesquelles on remarque de coquettes habitations en forme de chalets; des jardins, des serres, tout vous annonce que vous touchez à une villa élégante ; en effet, après avoir traversé un pont surmonté de candélabres, et enfin une magnifique allée de tilleuls séculaires, vous vous trouvez devant l'établissement de bains, situé dans la partie la plus étroite de la vallée; il est dominé à l'est par le *Sommerberg* (montagne de l'été), et à l'ouest par le *Winterberg* (montagne de l'hiver).

L'air pur et embaumé de ces montagnes ne contribue pas peu au rétablissement des malades ; les maladies endémiques n'y sont pas connues. On ne connaît pas bien exactement l'origine de Rippoldsau. On suppose que les sources ont été découvertes par les moines de l'abbaye de Saint-Georges, qui fut fondée en 1085. Il est fait mention de Rippoldsau pour la première fois en 1178. Plus tard, ce bain devint la propriété de la maison de Fürstenberg qui le déclara libre et y fit faire des modifications en harmonie avec sa nouvelle destination.

Tabernæmontanus et Ulrich Geyer, de Strasbourg, en 1584 et 1594, sont les premiers auteurs qui aient fait une description médico-topographique de Rippoldsau. Depuis cette époque, ce bain ne cessa d'être très-fréquenté jusqu'en 1643, où il fut dévasté et incendié par l'armée suédoise. Après la paix d'Osnabrück, il fut réparé, et sa vogue alors fut plus grande qu'auparavant. En 1670, il appartint au couvent de Gengenbach, et seize ans plus tard, il revint de nouveau à son ancien propriétaire, la maison de Fürstenberg.

L'établissement actuel présente un aspect tout à fait grandiose, il se compose de dix bâtiments, sans compter les dépendances. Ils se communiquent tous, de sorte que les baigneurs peuvent, pendant les jours de pluie, se rendre, sans s'exposer à l'air, aux sources,

aux bains, à la salle à manger et au salon de conver-
sation.

L'hôtel proprement dit a été construit par le couvent de Gengenbach, en 1672. La façade est exposée
à l'ouest, le rez-de-chaussée est occupé par les pièces
destinées aux domestiques des baigneurs, et par un élégant salon où l'on déjeune, et qui sert en même temps
de salon de réunion pendant le mauvais temps. De
vastes corridors traversent les différents corps de logis
qui composent ce bâtiment, ils servent aussi de pro-
menoirs aux buveurs d'eau minérale, lorsque la température ne permet pas les promenades en dehors de
l'établissement. Les chambres sont grandes, aérées, et
très-convenablement meublées; on en compte vingt-
neuf. Presque toutes ont vue sur le Sommerberg, sur
la Wolf et la grande cour de l'établissement plantée
de tilleuls séculaires; c'est là qu'une excellente musique se fait entendre deux fois par jour, c'est là aussi
le rendez-vous des baigneurs.

A côté et en arrière de ce bâtiment, il s'en trouve un
autre qui a été construit par Joseph-Guillaume de Fürstenberg, en 1700, et dans lequel se trouvent : au rez-
de-chaussée, la cuisine et les celliers; au premier, la
salle de danse, communiquant avec une magnifique
salle à manger, pouvant contenir plus de deux cents
personnes et percée d'une double rangée de fenêtres
cintrées, d'où l'on jouit d'une vue admirable, embras-
sant les sites les plus pittoresques et les plus acci-
dentés.

Ce bâtiment communique à la plus belle et la plus
récente maison de Rippoldsau; au rez-de-chaussée sont

les bains, et les deux étages supérieurs sont composés de trente-six jolies chambres destinées aux baigneurs.

Un élégant balcon couvert, jeté comme un pont par-dessus la route, vous conduit de ce bâtiment dans la *Trinkhalle*; c'est une immense salle formant un carré long et percée de nombreuses fenêtres cintrées, comme la salle de la source qui se trouve aussi comprise dans ce bâtiment. Cette halle à boire sert de promenoir et à l'étalage de petits magasins qui offrent aux baigneurs tous les objets nécessaires en voyage. Les étages supérieurs sont occupés par de nombreux appartements ayant vue sur la cour.

Adossée contre une colline et vis-à-vis de l'hôtel, on remarque une petite habitation élégante, où se trouvent le logement du médecin de l'établissement et, en outre, douze chambres destinées aux étrangers.

A côté, le *Fürstenbau*, autrefois hôtel principal; il fut construit en 1650. Le bureau de poste, la salle de billard et la salle de lecture occupent le rez-de-chaussée, et les dix-sept chambres au premier étage sont destinées aux familles de baigneurs. Un clocher avec une horloge surmonte le *Fürstenbau*. Le salon de musique se trouve sur une petite colline à quelques pas de l'établissement; c'est un charmant boudoir orné de glaces, de divans, de tapis et d'un excellent piano. C'est le lieu de réunion des dames. Enfin, sur la même colline se remarque une chapelle construite, en 1672, par Romann, abbé de Gengenbach; on y célèbre l'office tous les dimanches.

En résumé, cet établissement renferme trois cents appartements convenablement meublés et destinés aux baigneurs ; très-souvent le nombre des étrangers est si grand que la place manque, et qu'on est obligé de les loger au *Klœsterlé*, à dix minutes des bains.

Rippoldsau réunit tout ce qui peut augmenter le charme qu'on éprouve à la campagne : un cabinet de lecture où l'on trouve un grand nombre de journaux choisis, et une petite bibliothèque, un jeu de quilles etc. Les baigneurs ont en outre la permission de pêcher et de chasser dans les environs du bain. C'est cette simplicité champêtre qui fait le mérite principal de Rippoldsau et qui lui fait donner la préférence sur beaucoup d'autres bains plus bruyants et par là moins salutaires aux malades.

On est sûr de trouver à Rippoldsau une société choisie composée de différentes nationalités, surtout d'Allemands, de Français et de Suisses; les relations qui existent sont des plus agréables et sans étiquette. Chacun se réjouit d'être soustrait aux exigences du monde et de pouvoir jouir à son aise des agréments de la splendide nature qui vous entoure.

Pour l'emploi de la journée tout est réglé, le moment où l'on boit l'eau, où l'on se baigne, l'heure des repas, celle de la promenade et des réunions. Cet ordre du jour rassemble tous les matins les baigneurs autour de la source et au déjeuner qui se prend ordinairement en plein air, puis à midi pour dîner à la table commune. Le reste de la journée est employé comme chacun l'entend, en promenades, en excursions plus ou moins lointaines.

Le nombre des véritables malades qui visitent Rippoldsau est en moyenne de 1000 à 1200. On peut approximativement évaluer au même chiffre les touristes qui viennent s'y établir pendant quelques jours pour faire des excursions dans les environs si pittoresques. Le gouvernement paternel et libéral du grand-duché de Bade a favorisé de tout son pouvoir le développement de l'ère de prospérité dans laquelle est entré depuis un demi-siècle surtout le bain de Rippoldsau, en améliorant les voies de communication, en établissant des correspondances postales et télégraphiques, en embellissant ses promenades et enfin en y nommant un médecin spécial.

Le zèle infatigable que déploie le propriétaire actuel, M. Fritz Gœringer, pour mettre l'établissement en harmonie avec les besoins des malades et des touristes, contribuera puissamment à augmenter encore la confiance méritée qu'inspirent au public médical les résultats brillants qu'ont donnés les nouvelles analyses de ces sources faites par le célèbre chimiste de Heidelberg, M. le professeur Bunsen, et tout fait présager le plus bel avenir à ce magnifique établissement thermal.

CHAPITRE II.

Météorologie.

Comme la station thermale de Rippoldsau est située à
566 mètres au-dessus du niveau de la mer, on pourrait
s'attendre à ce que son climat soit rude et froid, mais
c'est le contraire. Le climat de Rippoldsau est tem-
péré et fortifiant, il tient le milieu entre les climats rudes
et les climats doux ; sa situation élevée, ses avantages
climatériques et géographiques, l'air si pur des montagnes parfumé par les émanations des forêts de sapins
qui l'entourent, ses eaux minérales si vivifiantes, tout
cela réuni lui donne des avantages thérapeutiques tellement certains, surtout contre les maladies nerveuses, contre l'hypochondrie, l'hystérie et la chlorose,
que très-souvent les malades se ressentent déjà dès les
premiers jours de cette influence bienfaisante. Les
montagnes recouvertes de forêts qui entourent ce bain,
le mettent à l'abri des vents si rudes du nord et de
l'est, et les orages passent ordinairement avec rapidité.
Même en hiver, le froid n'est jamais si intense dans
cette vallée qu'en plaine ; en revanche, il y a souvent
des couches de neige passablement épaisses ; mais elles
fondent très-vite, dès le retour du printemps, et de mars
jusqu'à la fin de l'automne, les prairies si fertiles sont
recouvertes d'une verdure abondante ; en été, la chaleur
est souvent très-grande à midi, mais elle n'est jamais ni
si lourde ni si pénible qu'en plaine, car l'air est toujours
rafraîchi et purifié par l'ombre épaisse des forêts voisines,
par le courant rapide de la Wolf qui traverse la vallée

et par les innombrables sources qui sourdent de tous côtés ; aussi c'est surtout au milieu de l'été et par les plus fortes chaleurs qu'on respire le mieux un air pur, rafraîchissant et embaumé par les émanations des forêts de sapins voisines et dont l'influence est déjà très-favorable pour la guérison de certaines maladies.

A Rippoldsau la saison commence d'habitude à la mi-mai et se prolonge jusqu'à la fin de septembre ; le mois de mai est aussi favorable pour faire une cure que les mois suivants, c'est même à ce moment qu'on a obtenu les plus beaux résultats. De plus, au commencement de la saison, on a l'avantage d'une plus grande tranquillité et de prix plus modérés, vu le petit nombre de malades, choses qu'on ne retrouve plus à ce point une fois que le nombre des baigneurs augmente.

Les mois les plus fréquentés sont juin, juillet et août ; le mois de septembre se fait remarquer en général par la constance du beau temps qui est magnifique à Rippoldsau dès le matin, tandis que les stations thermales moins élevées sont souvent enveloppées par le brouillard jusqu'à midi. Il est vrai qu'à cette époque déjà les matinées sont fraîches, mais cela n'a aucun inconvénient, car on n'est nullement obligé de boire son eau dès le point du jour.

L'état sanitaire de la vallée, ainsi que celui des habitants voisins des montagnes, est en général très-satisfaisant. Il n'y a jamais d'endémie à Rippoldsau, très-rarement une épidémie ; le caractère pathologique dominant dans cette contrée est plutôt catarrho-rhumatismal.

———

CHAPITRE III.

Description physico-chimique et nouvelles analyses du docteur Bunsen.

A Rippoldsau on emploie l'eau de quatre sources, dont trois en boisson et l'une en bains.

Le docteur Bunsen les a analysées toutes les quatre.

1° *La Josephsquelle* peut être rangée parmi les sources acidules-ferrugineuses non alcalines renfermant du sulfate de soude.

2° *La Wenzelsquelle* et la *Leopoldsquelle*, qui se distinguent de la précédente par une plus grande richesse en fer et une contenance moindre en sels, peuvent être rangées parmi les eaux ferrugineuses salines.

L'eau de ces trois sources est parfaitement incolore et très-claire, dans le bassin tout aussi bien que dans le verre, et le gaz qui s'en échappe continuellement la fait perler. Les sources fournissent un dépôt ocré très-abondant.

Le goût de ces eaux acidules est très-rafraîchissant, d'une saveur aigrelette très-agréable et légèrement astringente ; l'eau de la Wentzelsquelle et celle de la Leopolsquelle présentent une saveur ferrugineuse beaucoup plus prononcée que l'autre source.

1° LA JOSEPHSQUELLE (SOURCE DE JOSEPH).

Cette source a été captée à l'endroit même où elle sort par trois fentes d'une roche de gneiss dans un des bâtiments appelé *le Brunnenbau* (maison de la source). Le réservoir est fait avec des pierres de grès ; carré au dehors, il a en dedans la forme d'un cylindre creux et il est fermé hermétiquement par un couvercle en étain recouvert lui-même par un autre couvercle en bois. Pour obvier au dégagement trop rapide des grosses bulles de gaz dont une grande partie se perdait ainsi, on a, d'après le conseil de Kölreuter, adapté dans le fond du réservoir une plaque de zinc bien pur, percée de trous comme une écumoire, et de cette façon le gaz se répand d'une manière uniforme dans toute l'eau que renferme le réservoir. Celui-ci a une capacité de 90 mesures badoises et il se vide par un tuyau de zinc adapté latéralement; c'est à ce tuyau aussi qu'on remplit les bouteilles destinées à l'exportation.

Cette source a été analysée en 1787 par Wegbecher et Kirsner, en 1791 par J. Rehmann et Kirsner, en 1805 par Klaproth, en 1811 par Saltzer, en 1821 et 1826 par Kölreuter, et en 1846 par Will.

D'après quatre expériences concordantes de Bunsen, elle fournit $1^{lit},60$ en 31 secondes. Sa température, mesurée avec un thermomètre normal, est de 10° C. Le poids spécifique de l'eau est de 1,0035 à la température de 14° C.

D'après les résultats généraux des recherches de Bunsen, 1 kilogr. d'eau de cette source renferme les éléments suivants :

	Grammes.
Bicarbonate de chaux	1,6847
» de magnésie	0,0707
» ferreux	0,0514
» manganeux	0,0043
Sulfate de chaux	0,0557
A reporter	1,8111

Report	1,8111
Sulfate de magnésie	0,2430
» de soude	1,2430
» de potasse	0,0605
Chlorure de magnésium	0,0847
Alumine	0,0044
Silice	0,0572
Acide carbonique libre	1,9448
Azote libre	0,000436
Traces d'arsenic et de matières organiques . .	0,000000
	5,474836

Les gaz contenus dans 1 kilogramme d'eau sont :

Acide carbonique à moitié combiné	2811^{cc},90
» » et entièrement combiné.	563^{cc},80
» libre	988^{cc},86
Azote libre	0^{cc},34

2° LA WENZELSQUELLE (SOURCE DE WENCESLAS).

Elle prend naissance à quelques pas seulement de la précédente et comme celle-ci elle sort d'une fente d'une roche de gneiss ; le réservoir a la forme d'un carré long, il est bâti également avec des pierres de grès façonnées et il contient 191 mesures badoises.

Cette source fournit, d'après cinq expériences concordantes, une mesure badoise en 57 secondes. La température de la source, mesurée avec un thermomètre normal, est de 9°,8 C. ; le poids spécifique de l'eau est de 1,0034 à la température de 14°,1 C.

L'eau contient les substances suivantes par kilogramme :

Grammes.

Bicarbonate de chaux	. . . .	1,4541
» de magnésie.	. . . .	0,1042
» ferreux	. . . .	0,1229
» manganeux.	. . . .	0,0030
Sulfate de chaux .	. . . .	0,0576
» de magnésie.	. . . .	0,1822
» de soude .	. . . .	1,0588
» de potasse	. . . .	0,0464
Chlorure de magnésium.	. . . .	0,0687
Alumine	. . . .	0,0173
Silice	. . . .	0,0973
Acide carbonique libre	. . . . . .	1,9796
Azote libre.	. . . .	0,002674
Traces d'acide phosphorique, d'arsenic et de matières organiques	. . . .	0,0000
		5,194774

Les gaz contenus dans 1 kilogramme sont :

Acide carbonique à moitié combiné	. . . .	261^{cc},71
» » et entièrement combiné.		523^{cc},42
» libre	. . . .	1006^{cc},56
Azote libre	. . . .	2^{cc},12

3° LA LEOPOLDSQUELLE (SOURCE DE LÉOPOLD).

Cette source fut découverte et captée en 1830; elle jaillit au bas de la vallée, au bout inférieur de l'allée des tilleuls, à une distance de 286 mètres de la source précédente, de trois fentes d'une roche de spath qui vient à la surface à cet endroit; elle est située de 3^{m},22 plus bas que la *Josephsquelle*, elle est captée dans un cylindre en grès; on a pris les précautions les plus minutieuses pour que cette source soit bien enfermée, afin d'augmenter la tension de l'acide carbonique qui se dégage en grande abondance et qu'on utilise pour donner des bains de gaz qui sont administrés dans un bâtiment spécialement destiné à cet usage.

D'après quatre expériences concordantes, cette source fournit une mesure badoise en 1 minute et 42 secondes. Sa température, mesurée avec un thermomètre normal, est de 8° C.; le poids spécifique de l'eau de 1,0036 à la température de 14°,1 C.

Elle présente la composition suivante par kilogramme :

	Grammes.
Bicarbonate de chaux	1,9470
» de magnésie	0,3760
» ferreux	0,0592
» manganeux.	0,0102
Sulfate de chaux	0,0174
» de magnésie	0,0195
» de soude	0,8814
» de potasse.	0,0353
Phosphate de chaux	0,0177
Chlorure de magnésium.	0,0437
Alumine	0,0026
Silice	0,0863
Acide carbonique libre	2,0814
Oxygène libre.	0,0000456
Azote libre.	0,0004
Traces de lithium, d'arsenic et de matières organiques	0,0000
	5,5781456

Les gaz contenus dans 1 kilogramme d'eau sont :

Acide carbonique à moitié combiné . . .   377^{cc},90

»   »   et entièrement com-

biné . . . .   755^{cc},80

»   libre. . . . .   1058^{cc},30

Oxygène libre . . . .   0^{cc},0348

Azote libre. . . . .   0^{cc},3176

4° LA BADQUELLE (SOURCE DES BAINS).

Cette source a été l'objet d'une analyse très-exacte de la part du professeur Bunsen. Déjà, en 1790, on retirait de cette source, par évaporation, le sel de Glauber qui, à cette époque, était beaucoup plus cher qu'aujourd'hui; avant d'être soumise à l'évaporation, cette eau était d'abord concentrée dans deux bâtiments de graduation; on l'emploie pour les bains; elle est pompée directement de la source dans un réservoir.

Comme le captage de cette source est imparfait, le cubage exact en a été impossible, mais telle quelle, elle est manifestement beaucoup plus riche que les autres sources de Rippoldsau. Sa température est de 8° C. ; le poids spécifique de l'eau est de 1,0034 à la température de 15° C.

Elle présente la composition suivante par kilogramme :

Grammes.

Bicarbonate de chaux   1,6566

»   de magnésie   0,0733

»   ferreux   0,0455

Sulfate de chaux   0,0210

»   de magnésie   0,1400

A reporter.   1,9364

Report	1,9364
Sulfate de soude	1,3666
» de potasse	0,0675
Chlorure de magnésium	0,0603
Alumine	0,0046
Silice	0,0588
Acide carbonique libre	1,9968
Traces de bicarbonate manganeux, d'acide phosphorique, d'arsenic et de matières organiques	0,0000
	5,4910

Les gaz contenus dans 1 kilogramme d'eau sont :

Acide carbonique à moitié combiné	$276^{cc},56$
» » et entièrement combiné	$553^{cc},12$
» libre	$1015^{cc},33$

On voit par cette analyse que la source des bains de
Rippoldsau, qui n'avait jamais été examinée avec soin,
renferme une eau ferrugineuse saline aussi riche que
celle des autres sources, et en général, ces nouvelles
analyses faites avec soin par une autorité scientifique
compétente, ont prouvé de nouveau la grande richesse
minérale de toutes les sources de Rippoldsau. Déjà
Kölreuter, dans ses *Recherches chimiques sur les eaux
de Rippoldsau*, a déclaré que ces eaux sont des plus
riches et des plus actives de toute l'Allemagne, opinion
que du reste l'expérience a déjà confirmée depuis long-
temps avec la dernière évidence.

Quelques autres sources moins importantes ne sont
pas captées et par conséquent ne sont pas employées
pour l'usage médical.

CHAPITRE IV.

Action physiologique et thérapeutique.

Pour bien apprécier la valeur d'une eau minérale comme agent thérapeutique, il faut d'abord bien connaître ses qualités physiques et sa composition chimique. Une fois qu'on a ces données d'une manière exacte, on peut déjà, dans la plupart des cas, prédire presque à l'avance les maladies qui seront heureusement influencées par son usage; mais cela ne suffit pas: il est indispensable que l'observation vienne confirmer son action et surtout nous indiquer dans quels cas spéciaux ces eaux doivent surtout exercer toute leur puissance médicatrice. Voilà les deux points que nous allons passer en revue d'une manière très-rapide: théorie et pratique. En jetant un coup d'œil sur les analyses que nous avons données, on voit de prime abord que les facteurs principaux de notre eau minérale sont les sels métalliques, les sulfates et les carbonates en mélange intense avec l'acide carbonique. Cet acide qui est si abondant dans ces eaux soit à l'état libre, soit en combinaison, contribue à tenir en dissolution parfaite tous les sels fixes, les rend très-faciles à digérer, leur donne une action rafraîchissante, calmante et légèrement excitante du système nerveux; il calme la sensibilité des nerfs de l'estomac, combat la faiblesse et l'irritabilité des organes digestifs, active la sécrétion de la muqueuse gastro-intestinale et se montre surtout très-efficace contre les congestions nerveuses qui sont la suite de l'irritabilité du système nerveux et de l'atonie vasculaire, comme cela se voit dans les affections hémorrhoïdales et dans les troubles de la menstruation. Cet acide paraît encore exercer une action puissante sur l'alcali des globules du sang et sur la nutrition en général. Quand on abuse de l'eau gazeuse, elle produit comme une légère ivresse, et prise en plus grande quantité encore, elle provoque du dégoût, du malaise, des vomissements, des maux de tête, du vertige et, même quelquefois des symptômes plus graves encore.

Un des principaux agents de cette eau, c'est le fer qui est combiné intimement avec l'acide carbonique. En dissolution parfaite dans cette eau minérale, cette substance pénètre facilement tout l'organisme, sans aucun trouble pour les organes digestifs, et son action est si douce qu'on boit encore très-bien cette eau ferrugineuse acidule quand l'estomac se refuse déjà à toute autre préparation pharmaceutique. Son effet immédiat est une augmentation de l'appétit, et son action tonique et astringente se montre immédiatement quand il y a des sécrétions et des flux muqueux atoniques. Tout le monde connaît son action puissante pour rétablir la composition du sang; nous n'insisterons pas davantage sur cet effet.

L'action physiologique du manganèse est encore peu connue; on croit que son action thérapeutique se rapproche de celle du fer.

Sulfates. Ce qui donne un caractère particulier à ces eaux ferrugineuses, c'est leur richesse en sulfate de soude, tandis qu'elles renferment moins de magnésie et de sulfate de potasse. Ces sels agissent comme de légers laxatifs et en même temps ils exercent une action puissante sur tous les organes sécréteurs et excréteurs, surtout sur ceux du bas-ventre, sur la muqueuse intestinale et sur toutes les glandes qui s'abouchent avec elle. Les sécrétions muqueuses, biliaire, urinaire sont augmentées, et en éliminant ainsi une quantité considérable de substances, elles rendent le sang plus fluide, moins coagulable et moins riche en fibrine. Par suite aussi elles provoquent l'élimination des résidus accumulés dans l'intestin, la résorption des exsudats et des stases sanguines des organes parenchymateux, surtout du foie et de la rate.

Carbonates terreux. Outre le carbonate de magnésie, ces eaux renferment encore du carbonate de chaux qui neutralise la trop grande acidité des sucs gastriques et intestinaux ; de plus, ce sel augmente l'activité sécrétoire des reins qui sont chargés de l'éliminer.

La silice peut, avec le concours du fer, produire de l'action quand il y a boursoufflement atonique des muqueuses et augmentation des sécrétions ; cette action sera styptique et constipante.

Les autres éléments, quoique moins importants pris isolément, contribuent cependant, par leur ensemble, à augmenter l'activité thérapeutique de nos eaux minérales.

Les substances chimiques dont les analyses nous ont démontré la présence dans ces eaux, et l'action physiologique de ces diverses substances nous permettent de ranger ces sources dans la classe des eaux minérales *fortifiantes*, toniques et en même temps *légèrement laxatives*. En effet, pendant que d'un côté le fer combiné intimement avec l'acide carbonique corrige le sang et améliore la nutrition, d'un autre côté les éléments salins activent et liquéfient les sécrétions des membranes sécrétantes et des glandes, augmentent les mouvements péristaltiques de tous les organes du bas-ventre, y rétablissent ainsi la liberté de la circulation et surtout celle du système de la veine porte, et par suite dissipent les congestions sanguines du foie, de la rate et des autres organes ; de plus, les carbonates terreux activent la résorption, combattent l'acidité du tube digestif, calment le système nerveux et surtout exercent une action puissante sur les reins qui sont chargés de les éliminer.

La composition des eaux minérales de Rippoldsau nous fait voir que les diverses substances y sont associées dans les proportions les plus heureuses, pour qu'aucune d'elles ne puisse exercer une influence nuisible par sa prédominance. En effet, l'action un peu trop échauffante qu'aurait le fer, s'il était seul, est modérée avantageusement par la présence des substances salines, et d'un autre côté le fer, par son action astringente, forme un contrepoids nécessaire à l'action purgative trop active que pourraient avoir les éléments salins, s'ils étaient seuls. Plusieurs malades qui n'avaient éprouvé qu'un soulagement momentané après plusieurs cures à Kissingen ou à Hombourg, ou qui même avaient été considérablement affaiblis par l'action purgative trop énergique de ces sources, sont venues à Rippoldsau l'année dernière et y ont trouvé la guérison. Quoique très-souvent il soit bien difficile de déterminer exactement quelle est la source qui convient le mieux pour un état pathologique compliqué, il faut toujours chercher le plus possible à trouver cette détermination et à décider quelle est la source et le climat qui conviennent le mieux à chaque sujet.

CHAPITRE V.

Effet des eaux pendant leur usage.

Les eaux minérales prises à l'intérieur ou absorbées par la peau, font sentir très-rapidement leur influence bienfaisante par une série de changements qu'elles provoquent dans l'organisme. Comme toutes les eaux acidules ferrugineuses, celles de Rippoldsau produisent, comme premiers symptômes, une sensation de rafraîchissement et une augmentation de l'appétit qu'on peut, il est vrai, attribuer aussi à l'air pur et rafraîchissant de nos montagnes.

Dans la plupart des cas il y a, dès le début, augmentation de la sécrétion urinaire; l'urine présente des phénomènes très-variés dans sa réaction, sa couleur, son odeur et dans ses sédiments qui sont tantôt composés de matières muqueuses, tantôt d'éléments cristallins; ces sédiments diminuent de jour en jour, à mesure que l'amélioration fait des progrès.

Après cela on observe une augmentation de la sécrétion de toutes les muqueuses digestive, respiratoire et génito-urinaire.

L'influence de ces eaux sur les selles est très-variable; quelquefois elles sont liquides dès le commencement, d'autres fois elles ne le deviennent qu'après une constipation préalable; dans les maladies du bas-ventre elles ne deviennent quelquefois liquides qu'au bout de huit à dix jours. Dans ces cas, les eaux ont déjà agi profondément sur l'organisme et l'apparition de selles liquides est alors accompagnée d'un grand soulagement. Alors aussi elles sont en général molles, de consistance de bouillie, d'une couleur verdâtre, brun jaunâtre, d'une odeur presque insupportable et mélangées de matières muqueuses, bilieuses et même quelquefois sanguinolentes. Dès leur apparition, la sécrétion urinaire diminue.

L'activité de la peau et du foie est augmentée.

Ces évacuations caractéristiques sont quelquefois précédées d'un léger malaise et d'abattement. Ainsi on observe une détente générale, un sentiment de fatigue, du malaise, de la perte d'appétit, de la pesanteur dans le bas-ventre, un sommeil agité, de l'abattement moral joint à une certaine irritabilité.

Ces phénomènes se présentent particulièrement chez les malades qui souffrent d'un mélange vicieux des humeurs, d'un trouble des sécrétions et des excrétions ; on ne les observe point chez ceux qui ne présentent que de la faiblesse, des troubles de l'innervation ou une composition incomplète du sang par l'abaissement du chiffre d'un de ses éléments.

Quand on continue la cure, la composition du sang et des humeurs s'améliore rapidement ainsi que la nutrition ; par suite aussi la coloration du visage devient meilleure, la peau se nettoie, elle perd la couleur terreuse qu'elle présente chez les sujets qui souffrent d'une affection du bas-ventre, les joues pâles des chlorotiques se colorent en rose ; le pouls redevient plein et fort, la respiration plus libre et les malades ressentent un sentiment de force et de bien-être inusité ; le système nerveux reprend son énergie primitive, les fonctions s'exécutent plus librement, la circulation du bas-ventre surtout s'accélère, la menstruation se régularise, le froid des extrémités disparaît, les gonflements, les œdèmes disparaissent, les sécrétions profuses se tarissent, le moral qui était abattu et irritable se relève ; en un mot, le malade se sent un tout autre homme, il redevient gai et heureux de vivre.

CHAPITRE VI.

**Comparaison du mode d'action des trois sources potables.
Contre-indications.**

Ce qui donne beaucoup d'importance à Rippoldsau,
c'est la faculté que nous donne la composition de ses
eaux de commencer tantôt par une source moins riche
en fer et renfermant plus d'éléments salins, et de passer
graduellement aux eaux fortement ferrugineuses, tantôt
de passer des eaux légèrement laxatives aux sources
qui sont plutôt fortifiantes, ce qui élargit considérablement le champ de leur application.

Ainsi nous avons vu que dans la *Josephsquelle* le sulfate
de soude prédomine, tandis qu'il y a moins de fer ; aussi
ses eaux agissent-elles surtout comme évacuantes ; on
l'emploie de préférence dans les constitutions tor-
pides, quand les fibres sont molles, chez les malades
dont on cherche à ranimer l'activité des organes
sécréteurs, en même temps qu'on veut améliorer la
masse des humeurs, quand il y a prédominance aux
sécrétions muqueuses et aux obstructions, avec paresse
de la circulation abdominale et obstructions de cette
région, et que l'économie serait cependant trop affaiblie
par des eaux purement laxatives, comme dans les
affections des organes digestifs, dans la pléthore abdominale et les affections hémorrhoïdales.

La *Leopoldsquelle*, par sa contenance en fer, sert
de transition pour passer à la *Wenzelsquelle* ; elle est

la plus pauvre des trois en sel de Glauber, mais en revanche elle contient plus de carbonate de chaux et de magnésie que les deux autres ; elle trouve son emploi quand il faut de préférence agir sur la peau et les reins.

La *Wenzelsquelle* est, par sa contenance en fer, une des sources ferrugineuses les plus riches de l'Allemagne. Mais cette richesse en fer ne doit pas faire oublier les parties salines qu'elle renferme et qui font recourir à elle pour un grand nombre de maladies chroniques, où l'on cherche outre l'action du fer celle d'autres substances qui excitent légèrement les organes sécréteurs.

Ces deux sources trouvent leur emploi dans tous les cas qui réclament une action fortifiante : dans la faiblesse du système nerveux, dans tous les états chlorotiques ou anémiques quelconques, qu'ils soient primitifs ou secondaires.

Les eaux minérales de Rippoldsau sont contre-indiquées :

1° Quand il y a en général une grande tendance aux congestions vers les organes principaux, quand il y a des prédispositions à une exagération de l'activité du système artériel, à des hémorrhagies actives, à l'apoplexie.

2° Quand il y a éréthisme avec prédisposition aux inflammations des systèmes circulatoire et respiratoire avec tendance aux hémoptysies, quand il y a de la prédisposition à la phthisie et une irritabilité nerveuse des poumons. En revanche, les hémoptysies qui se produisent par atonie des vaisseaux pulmonaires, comme cela s'observe chez les femmes à un certain âge avancé, ne sont nullement une contre-indication.

3º Ces eaux sont encore nuisibles dans les troubles digestifs qui sont sous la dépendance d'une désorganisation ou d'une induration de portions importantes des intestins, ou quand il y a des symptômes de suppuration ou de consomption.

CHAPITRE VII.

Indication des maladies qui sont spécialement désignées pour les thermes de Rippoldsau.

D'après ce que nous avons déjà dit de ces sources par la connaissance exacte de leur composition chimique et de leur action physiologique que nous avons acquise, on peut déjà dire *a priori* quelles sont les maladies qui doivent surtout y être traitées ; néanmoins nous rappellerons brièvement les divers états pathologiques qui sont surtout destinés à être traités par ces eaux, persuadés que rien ne fait plus de bien à un établissement thermal que la détermination bien exacte des cas qui lui conviennent spécialement.

1° *Catarrhe gastro-intestinal chronique.*

Cet état pathologique se présente très-fréquemment, et quand il n'est pas sous la dépendance d'un obstacle à la circulation qui est incurable ou d'une altération profonde de la structure de l'estomac, nous le guérissons en général très-rapidement. Il se présente ordinairement avec les symptômes suivants : le sujet ressent ordinairement une douleur brûlante, pongitive dans le creux de l'estomac ; cette douleur quelquefois se montre sans cause appréciable à de certaines heures, d'autres fois principalement après les repas et quand la digestion commence. Celle-ci est troublée, se fait lentement et est en général accompagnée d'un sentiment de plénitude, de flatulences, de renvois acides, de pyrosis et d'autres malaises ; les selles sont irrégulières, en général il y a constipation, quelquefois cependant il y a de la diarrhée, quelquefois aussi des vomissements. Comme phénomènes secondaires, on observe des maux de tête, celle-ci est prise, il y a de la lassitude et en général les malades sont agacés, irritables, tristes et maussades. Pour cette maladie, rien n'est plus efficace qu'une eau acidule ferrugineuse gazeuse qui excite les mouvements péristaltiques et l'activité sécrétoire de l'estomac. La situation élevée de cette station thermale et son climat si frais, si sain et si fortifiant ne contribuent pas peu à l'amélioration rapide qu'on obtient en général dans cette forme de maladie.

2° *Cardialgie.*

Cette douleur si violente de l'estomac, qui revient si souvent sous forme de crampe périodique et comme par accès, trouve sa guérison à Rippoldsau quand elle est sous la dépendance d'un excès d'acidité ou qu'elle n'est qu'un symptôme de la chlorose, de l'anémie, de l'hystérie ou de l'hypochondrie. Ces eaux sont inefficaces quand elle est le symptôme d'une altération organique.

3° *Constipation habituelle.*

Celle-ci trouve sa guérison à Rippoldsau quand elle est causée par une hyperémie ou un état inflammatoire chronique de la muqueuse avec diminution ou altération de ses sécrétions, ou encore quand elle est la suite d'une faiblesse de l'innervation des muscles intestinaux ou de leur atonie, comme cela s'observe si souvent dans les névroses chroniques avec tendance à l'hypochondrie. Dans ces cas encore, l'action excitante du climat coopère largement à la cure.

4° *Hyperémies et gonflements du foie.*

Si à Rippoldsau on est impuissant à guérir les hyperémies et les hypertrophies du foie qui sont le résultat d'une maladie organique du cœur ou des poumons, ou la suite d'un obstacle mécanique à la circulation, en revanche on les guérit quand elles sont idiopathiques ou simplement provoquées par la paresse de la circulation du bas-ventre. Quand l'hypertrophie est trop considérable ou qu'il y a déjà un commencement de cirrhose, ces eaux sont contre-indiquées comme tout autre médicament. Mais les eaux acidules ferrugineuses salines doivent être largement préférées aux eaux minérales purement résolutives, quand les troubles digestifs qui accompagnent en général cette maladie, ont amené un état d'épuisement de la constitution, de l'anémie, un teint terreux, de l'amaigrissement, de l'atonie du système musculaire et de l'irritabilité du système nerveux.

A côté de ces deux états pathologiques, il faut ranger le catarrhe chronique des voies biliaires qu'on a souvent à traiter ici, qui est très-tenace et qui a déjà souvent résisté à toutes les autres médications. Ici il est prudent de commencer par les eaux sodiques pour liquéfier les sécrétions et excrétions du canal intestinal et de ne faire intervenir qu'après les eaux ferrugineuses salines.

5° *Hypertrophie chronique de la rate. Cachexie paludéenne.*

Il est évident que cette cachexie, qui est accompagnée de symptômes anémiques très-prononcés et d'un épuisement considérable de la constitution, doit recevoir une influence très-salutaire de l'usage des eaux ferrugineuses joint à l'influence tonique et revivifiante du climat. Mais quand il y a déjà des gonflements œdémateux et hydropiques considérables, ainsi que des taches pigmentaires, elles ne sont plus d'aucune utilité ou d'un effet très-restreint. Jamais on n'a observé de fièvre intermittente ni à Rippoldsau ni dans les environs.

6° *Pléthore abdominale.*

Une alimentation mal entendue, un régime trop abondant et trop excitant, un genre de vie sédentaire, des affections morales dépressives ont pour résultat de produire une paresse de la circulation des vaisseaux du bas-ventre ; cette stase sanguine réagit sur les fonctions des autres organes et produit des troubles dans l'assimilation ; le sang ne se renouvelle pas assez souvent, l'oxydation des globules et la métamorphose rétrograde des éléments sont incomplets et il en résulte une série de manifestations morbides, telles que des troubles de la digestion, de la pression épigastrique, de la perte d'appétit, un enduit saburral de la langue, du gonflement du bas-ventre, de l'irrégularité dans les selles, de l'hypochondrie, une sécrétion morbide de mucosités et un dépôt morbide de graisse. Nos eaux sont merveilleusement propres à guérir cette affection par l'heureux mélange du fer avec des éléments salins, car une eau purement ferrugineuse serait trop échauffante, et une eau purement purgative ne donnerait pas non plus le résultat désiré, comme le fait voir Helft dans sa balnéothérapie.

7° *Hémorrhoïdes.*

On traite ici chaque année un grand nombre d'hémorrhoïdes. Nous ferons remarquer que les constitutions pléthoriques, sanguines feront mieux de commencer par des eaux fortement salines, tandis que les personnes anémiques qui présentent de l'irritabilité du système nerveux, quand il y a atonie des fibres musculaires et vasculaires, se trouveront admirablement bien des eaux ferrugineuses salines. De même ces eaux sont spécialement indiquées pour les malades dont toute la constitution est affaiblie à la suite de pertes profuses.

8° *Goutte.*

La goutte présente des manifestations excessivement variées, et nécessairement son traitement doit s'en ressentir : un traitement uniforme serait impossible. Rippoldsau est indiqué pour combattre la prédisposition goutteuse, but qu'il atteint en régularisant la digestion et la nutrition, en dissipant les stases veineuses du bas ventre, en activant l'oxydation des substances azotées et en s'opposant à la production adipeuse. Ces eaux sont encore indiquées à une autre période, dans la convalescence des paroxysmes de la goutte atonique; quand le malade, cachectique, épuisé par ces accès, a besoin de reprendre des forces, elles aideront puissamment à les faire revenir.

9° *Chlorose et anémie.*

La chlorose sous toutes ses formes trouve rapidement sa guérison à Rippoldsau. Quand il n'y a que défaut de composition du sang, sans autres phénomènes secondaires, on s'adresse aux sources de *Léopold* et de *Wentzel*, qui sont les plus riches en fer et en acide carbonique. S'il y a en même temps des obstructions du bas-ventre, une constipation opiniâtre, on fait usage de la *Josephsquelle*, qui renferme plus d'éléments salins. Il en est de même pour les malades qui sont anémiques, surtout quand cette anémie est la suite de maladies longues et douloureuses, de pertes sanguines, quand elle est la suite de couches, d'avortement, d'épuisement sexuel ou quand elle provient d'un excès de travail intellectuel ou d'un état moral dépressif antécédent. Chez tous ces malades, le sang est aqueux, riche en albumine et pauvre en fibrine et en matière colorante. Aussi, au bout de peu de jours de séjour ici, l'usage des eaux, joint à l'influence de l'air si vivifiant et si riche en oxygène, relève leurs forces; la nutrition s'améliore, les muscles reprennent du ton, l'action nerveuse reprend son activité primitive et la guérison radicale s'obtient très-rapidement.

10° *Catarrhe bronchique chronique.*

Cette maladie est très-avantageusement traitée à Rippoldsau, quand elle présente la forme torpide avec atonie de la muqueuse et sécrétions profuses, comme cela s'observe très-souvent chez des personnes qui sont déjà arrivées à un certain âge, chez lesquelles aussi elle est habituellement combinée avec la pléthore abdominale et avec des manifestations hémorrhoïdales.

L'altitude de cette station, son air sec et un peu irritant, la pression atmosphérique moins forte réveillent l'activité de la peau ; l'usage des eaux régularise la circulation abdominale par ses éléments salins et réveille la vie des muqueuses et des vaisseaux capillaires par l'action du fer. Les promenades dans les forêts environnantes et l'inhalation des émanations balsamiques qui embaument son atmosphère, ne contribuent pas peu dans ces cas à la guérison. Le séjour de Rippoldsau serait au contraire nuisible aux personnes qui présenteraient de l'éréthisme, de la tendance aux tubercules ou à des affections pulmonaires inflammatoires.

L'*hémoptysie* n'est pas une contre-indication quand elle se présente chez des personnes d'un certain âge à constitution torpide et qui souffrent de pléthore abdominale, de suppression d'un flux hémorrhoïdal, ou chez les femmes qui sont à l'âge critique. Il en est de même pour les affections asthmatiques accompagnées de sécrétion muqueuse abondante et des manifestations abdominales dont nous avons parlé ci-dessus. Elles trouvent dans ce cas du soulagement à Rippoldsau.

11° *Maladies des organes génito-urinaires.*

Nous avons vu que ces eaux ont dès l'abord une action fortement diurétique ; aussi sont-elles indiquées quand les urines déposent du sable ou des graviers, surtout quand les malades sont affaiblis et qu'il y a en même temps affection des autres organes du bas-ventre. En général, il y a diminution des phénomènes, et quand l'affection causale peut être guérie, il y a guérison radicale des symptômes du côté de l'urine.

Le *catarrhe vésical*, ainsi que les autres blennorrhées des muqueuses, avec atonie et état torpide de cette membrane, sont traités d'une manière très-avantageuse par l'usage de ces eaux. Quand le catarrhe vésical est la suite d'une altération organique incurable, il n'est plus à guérir, mais cependant il s'amende encore.

Nous traitons aussi avec succès la *spermatorrhée*, quand elle a pour point de départ une obstruction du bas-ventre, une irritation hémorrhoïdale ou une faiblesse générale, par suite d'un épuisement des forces physiques ou morales à la suite d'excès.

Troubles de la menstruation. Ces eaux sont indiquées dans le cas de ce genre qui ont pour point de départ un état chlorotique ou une hydroémie générale.

Il en est de même pour la *blennorrhée utérine* quand elle est la suite d'une congestion du bas-ventre ou d'un état chloro-anémique. Dans ces deux dernières affections on ajoute au traitement ordinaire des douches ascendantes appliquées directement sur les parties sexuelles et qui ont pour effet de produire une excitation locale.

Les chutes peu prononcées de l'utérus, ainsi que ses changements de direction, ses déviations, sont traitées avantageusement par ces eaux ferrugineuses combinées avec l'emploi local des douches ascendantes, quand elles sont sous la dépendance d'une faiblesse ou d'une atonie générale ou locale, de flueurs blanches, de la pléthore abdominale, combinées avec un gonflement ou avec une hypertrophie du tissu utérin lui-même.

12° *Névroses.*

Le groupe si nombreux des névroses trouvera sa guérison à Rippoldsau, quand celles-ci ont pour point de départ un état anémique ou chlorotique, de la faiblesse musculaire, des troubles de la digestion, des adénopathies abdominales, des stases veineuses du bas-ventre, ou quand ces états pathologiques les accompagnent non comme cause, mais comme complication. Ces eaux sont surtout très-utiles dans les *migraines*, mais elles le sont également contre toutes les autres *névralgies.*

L'*hypochondrie*, quand elle est la suite de troubles de la digestion ou d'un état anémique, ou quand elle est compliquée par la présence de ces deux états, se trouve aussi très-bien de l'usage des eaux de Rippoldsau, comme l'ont déjà constaté Helft et Virchow.

Il en est de même pour l'*hystérie* qui, elle aussi, a si souvent pour point de départ un état chlorotique. Cependant, dans cette maladie, l'irritabilité nerveuse et la sensibilité des organes digestifs sont tellement exagérées, que les préparations ferrugineuses, même les plus douces, comme le sont ces eaux, ne peuvent plus être supportées. Dans ce cas, on fera mieux de s'adresser à des eaux indifférentes, telles que celles de Wildbad, de Pfeffers, de Gastein ou de Schlangenbad.

Dans toutes ces maladies on doit attendre un concours puissant de l'influence du climat, de la position élevée de cette station, de l'air pur et embaumé qu'on y respire, des mouvements qu'on s'y donne et de sa tranquillité champêtre.

CHAPITRE VIII.

Manière de boire les eaux. Diète. Habillement.

La quantité d'eau minérale que doit boire chaque malade, n'est jamais absolue; c'est aux médecins des eaux qu'il appartient de la régler suivant chaque cas individuel, suivant qu'il est nécessaire d'agir sur tel ou tel organe sécréteur, et suivant la constitution et la force digestive de chaque malade. On commence en général par deux ou trois verres, et on monte progressivement jusqu'à six et même jusqu'à douze selon les cas, mais en moyenne on n'en prend que de quatre à huit verres. Souvent les malades croient devoir augmenter le nombre des verres, parce qu'ils n'ont pas dès le début les selles liquides caractéristiques; c'est une faute, car nous avons déjà dit que si les eaux ne provoquent ces selles qu'au bout d'un certain temps, c'est qu'elles agissent plus profondément sur l'économie. Mais si cette constipation initiale s'accompagne de malaise, de gonflement du ventre, de pesanteur de tête, il est nécessaire de provoquer des selles par l'administration du sel de Karlsbad ou d'un autre sel purgatif.

La durée de la cure est déterminée par la maladie elle-même, par l'effet obtenu, et il est certain que, pour guérir une maladie chronique enracinée, il ne suffit pas de boire de l'eau pendant trois semaines et de prendre les vingt et un bains classiques.

De même après une cure de plusieurs semaines, il peut arriver un état de saturation qui nécessitera la cessation complète ou au moins un changement dans la cure ; dans ces cas, il faut toujours s'adresser au médecin , car on peut confondre très-facilement ces symptômes de saturation avec des symptômes de réaction qui sont à peu près les mêmes : fatigue, perte d'appétit, abattement moral, sommeil inquiet etc. , symptômes qui se manifestent de temps en temps et qui ne sont que les précurseurs d'une amélioration rapide.

Le moment le plus favorable pour boire les eaux c'est le matin ; c'est à ce moment que les organes digestifs les supportent et les assimilent le mieux. Pendant tout ce temps on se donnera un léger exercice , et une demi-heure ou trois quarts d'heure après l'ingestion du dernier verre , on prendra un léger déjeuner. Quand les voies digestives ne supportent qu'une faible quantité d'eau à la fois, il faudra répartir la cure sur plusieurs moments de la journée. On boit rarement l'eau le soir. Quelquefois on chauffe l'eau minérale par l'addition d'un autre liquide chaud, tel que du lait, du petit-lait ou une infusion aromatique.

En général, il faut laisser au médecin des eaux le soin de spécialiser la quantité que doit boire chaque malade, car cette détermination n'est pas toujours facile, même pour un homme qui en a une grande habitude.

Bien que dans beaucoup de bains on ait aujourd'hui de la tendance à laisser manger aux malades ce qu'ils veulent, et que souvent cela n'ait pour eux aucun inconvénient, nous croyons qu'il est important de réglementer la diète, d'autant plus que beaucoup de malades ne viennent se faire traiter que pour des maladies qui sont la suite d'excès de régime.

Il est nécessaire que les malades en venant à Rippoldsau soient munis de deux espèces de vêtements. En effet, ils ont besoin d'un habillement un peu chaud pour sortir le matin, car si l'air est tant soit peu humide, il fait frais, ainsi que cela s'observe dans toutes les stations très-élevées, tandis qu'il faut un habillement plus léger pour les chaleurs du milieu de la journée. Du reste, quelque temps qu'il fasse, de larges corridors qui communiquent tous entre eux et avec les différentes salles de l'établissement, permettent toujours aux buveurs de se donner les mouvements nécessaires sans s'exposer à l'air extérieur.

CHAPITRE IX.

Bains d'eau minérale et douches.

Quoique d'après toutes les expériences physiologiques faites jusqu'ici sur les bains, les sels ferrugineux solubles ne soient pas absorbés par la peau, il n'en est pas moins prouvé par l'expérience pratique que les bains ferrugineux sont un puissant auxiliaire pour soutenir le traitement interne, et cela d'autant plus que le contact direct de cette eau avec les muqueuses, comme par exemple avec celle des organes génitaux de la femme, modifie favorablement les sécrétions morbides de ces membranes et réveille le ton des fibres musculaires.

Les analyses si exactes de Bunsen ont fait voir pour la première fois que la source des bains contient les mêmes éléments et en même proportion que les autres. Aussi combinons-nous dans la plupart des cas les deux traitements.

La température des bains dépasse rarement 25° C. On ne l'élève au-dessus de ce niveau que par exception et pour des personnes très-frileuses, très-sensibles ou chez lesquelles un défaut de production de calorique rend cette élévation indispensable ; il est constaté en effet que les bains à température élevée affaiblissent, tandis que les bains frais laissent après eux une sensation fortifiante et rafraîchissante. Dans chaque baignoire flotte un thermomètre.

La durée des bains varie de 5 à 45 minutes, selon le

besoin de chaque cas et l'irritabilité des malades. Pour les personnes très-sensibles et très-irritables, on commence même quelquefois la cure en mélangeant de l'eau douce avec l'eau minérale.

C'est au médecin qu'il faut laisser le soin de déterminer si après le bain il faut se donner du mouvement ou du repos, s'il faut faire usage de compresses froides pendant le séjour à l'eau etc.; lui seul peut en être juge et il est impossible de fixer d'avance des règles générales à cet égard.

Le nombre des cabinets de bains est de 31, renfermant 34 baignoires; tous ces cabinets sont entourés d'une grande salle chauffée qui présente un espace suffisant pour se promener en temps humide. Les cabinets eux-mêmes peuvent être chauffés.

Il y a quatre cabinets dans lesquels on peut prendre des douches de toutes les formes; ils sont arrangés de manière que le malade puisse leur donner lui-même la force et la durée voulues, tout en restant assis dans sa baignoire. Il y a un cabinet particulier pour les douches froides. Nous trouvons inutile de rappeler ici quelle puissante action thérapeutique on obtient par l'application des douches; tout le monde connaît les heureux résultats qu'on en obtient quand elles sont appliquées dans une station thermale même et surtout dans une situation aussi favorable que l'est celle de Rippoldsau. Nous ne mentionnerons spécialement que la douche vaginale ou douche ascendante qui trouve si fréquemment son emploi dans les maladies des organes génitaux de la femme. Mais comme dans ce cas la colonne d'eau se trouve en contact direct avec une surface muqueuse très-étendue et très-riche en nerfs et en vaisseaux , l'action puissante qu'elle exerce peut devenir très-facilement nuisible, et c'est dans ce cas surtout qu'il faut bien se garder de rien faire qui n'ait été soigneusement indiqué par le médecin. Dans la douche vaginale, c'est la température de l'eau qui est un des éléments principaux et Kiwisch a posé des indications exactes pour la température à lui donner dans chaque cas particulier.

La douche vaginale froide est indiquée quand il y a boursoufflement atonique du tissu utérin avec métrorrhagie ; dans les cas d'ulcères chroniques du col, quand il y a déviation de la matrice par suite d'atonie des parois vaginales ; dans ce cas, les douches réveillent la contractilité des tissus. Elle est encore indiquée quand il y a blennorhée utérine accompagnée de boursoufflement du tissu utérin avec sécrétion abondante et congestion passive.

La douche chaude a pour premier effet de provoquer le gonflement, le ramollissement et une augmentation de la sécrétion des parties sur lesquelles elle est appliquée; de plus, elle augmente la congestion des organes pelviens et produit par suite une suractivité dans le système vasculaire de toute l'économie ; elle sera donc indiquée quand on voudra augmenter l'état congestionnel de cette région, et elle a pour suite de diminuer l'irritation et la douleur dans les cas de dysménorrhée et de coliques utérines accompagnées de symptômes nerveux ; elle sera encore efficace dans les cas d'hypertrophie et d'induration de la matrice. Plus la constitution de la malade et de la matrice sera torpide, mieux aussi elle supportera une température élevée.

3.

CHAPITRE X.

Moyens internes et externes qui servent d'auxiliairesà la cure.

1° *Les natroïnes.*

L'usage des natroïnes a été introduit à Rippoldsau par le docteur Kölreuter, à qui on doit tant d'améliorations, et leur emploi a considérablement étendu notre champ d'action.

La natroïne ou eau alcalino-saline se prépare d'après les calculs et les prescriptions exactes du docteur Kölreuter, dans des appareils particuliers construits tout exprès près de la *Josephsquelle*, dont les eaux servent à cette préparation. Celle-ci consiste en une opération chimique très-simple par laquelle on diminue la quantité de fer et de carbonate de chaux de l'eau de cette source pour faire prédominer le bicarbonate et le sulfate de soude et obtenir ainsi une eau minérale qui se rapproche beaucoup de celle du *Kreuzbrunnen* de Marienbad.

La natroïne est limpide, elle perle, son goût est acidule, très-agréable ; comme ce sont les éléments alcalino-salins qui y prédominent, elle agit principalement comme liquéfiant, fondant ; elle favorise l'expulsion des accumulations stercorales, elle réveille les sécrétions du canal intestinal et des glandes du bas-ventre et est indiquée chaque fois qu'on veut exciter les fonctions des organes glanduleux pour dissiper un gonflement ou une hypertrophie quelconque, dans les cas où il n'est pas nécessaire de réveiller l'activité nerveuse et de remédier à une composition pathologique du sang. Tantôt la natroïne est ainsi employée comme traitement unique, d'autres fois elle ne sert que de moyen préparatoire dans des maladies compliquées et elle est remplacée plus tard par les eaux ferrugineuses. Quelquefois enfin on l'emploie comme cure du soir quand celle-ci est indiquée, lorsque les eaux ferrugineuses seraient trop excitantes et qu'il est cependant nécessaire de stimuler un peu les sécrétions pour le matin suivant. La natroïne administrée dans du petit-lait, rend d'excellents services dans les catarrhes chroniques des muqueuses respiratoire et génito-urinaire.

La *natroïne sulfureuse*, qui est une eau sulfureuse alcalino-saline, se prépare dans le même appareil que la natroïne, de la même manière et également d'après les prescriptions de Kölreuter ; elle est parfaitement limpide, son goût est acidule, piquant, son odeur celle de l'acide sulfhydrique très-prononcée ; elle se digère très-facilement, car elle renferme encore une quantité assez considérable d'acide carbonique et elle est débarrassée du sulfate de chaux qui est si lourd pour l'estomac ; une petite quantité d'eau suffit pour faire pénétrer dans l'organisme une quantité considérable d'acide sulfhydrique.

La natroïne sulfureuse est indiquée chaque fois qu'on a besoin de l'action de l'acide sulfhydrique combinée à celle d'autres éléments salins ; quand il est nécessaire d'accélérer la circulation du système de la veine-porte et de provoquer un flux sanguin vers le rectum et les organes pelviens, et surtout lorsqu'il faut agir sur la peau et sur ses sécrétions; par conséquent elle est indiquée spécialement dans les maladies qui ont pour point de départ un trouble de l'activité fonctionnelle de la peau.

Les natroïnes contiennent les éléments suivants, d'après une analyse faite en 1846 par le professeur Will :

	DANS 10,000 PARTIES D'EAU.		DANS UNE LIVRE ou 500 GRAMMES.	
	NATROINE.	NATROINE sulfureuse.	NATROINE.	NATROINE sulfureuse.
Bicarbonate de soude. .	23,03	21,87	17,68	17,99
Sulfate de soude . . .	24,56	17,31	18,86	13,34
» de potasse . .	0,50	0,24	0,39	0,18
Chlorure de sodium . .	0,91	0,54	0,70	0,41
Carbonate de chaux . .	8,35	11,00	6,41	8,44
» de magnésie .	2,30	2,38	1,77	1,82
» de fer . . .	0,07	0,30	0,06	0,23
Silice	0,50	0,51	0,39	0,40
Argile	»	traces.	»	traces.
Total des éléments fixes.	60,22	54,21	46,26	42,81

	DANS 100 VOLUMES.		DANS UNE LIVRE = 1/2 décimètre cube.	
Acide carbonique libre .	46,08	53,10	15,00	17,00
Acide sulfhydrique . .	»	14,6	»	4,50
Température (Réaumur) .	10°	10°	10°	10°

2° *Le petit-lait.*

Le petit-lait qu'on boit à Rippoldsau provient du lait des chèvres que l'établissement entretient spécialement pour cet usage. Ces chèvres errent en liberté sur les montagnes où elles trouvent une nourriture abondante, aromatique, tout aussi bonne qu'en Suisse, et comme la préparation du petit-lait se fait d'après la même méthode, il est de qualité supérieure, comme le lait dont il provient ; il est doux, limpide et parfumé. Tout le monde connaît les effets avantageux que produit ce moyen thérapeutique. On l'emploie selon les indications, seul ou mélangé à une eau ferrugineuse ou à une natroïne, lorsqu'on veut produire une action émolliente et liquéfiante sur la masse des humeurs et du sang, comme dans la pléthore abdominale, dans les obstructions du bas-ventre etc. Le petit-lait s'emploie sur une grande échelle, surtout dans les maladies de la muqueuse respiratoire. Dans ces affections, outre ses propriétés légèrement nutritives, il a encore celle de calmer l'irritation des poumons, la toux, et d'exciter doucement les diverses sécrétions.

Dans ces affections pulmonaires, une station aussi élevée que Rippoldsau n'est efficace que quand elles présentent, ainsi que la constitution du malade, un certain état torpide et atonique ; dans ces cas, l'air des montagnes est toujours indiqué. Nous ne nous étendrons pas sur l'influence favorable que le petit-lait exerce sur les maladies des muqueuses des voies digestives, génito-urinaire, sur celles du système nerveux ; tout le monde la connaît.

3° *Bains de gaz acide carbonique.*

Les bains de gaz ont été construits tout près de la *Leopoldsquelle.* Le gaz qui s'échappe de cette source se rend par des tuyaux dans un gazomètre, d'où on le dirige dans le cabinet des bains. Tout est parfaitement disposé pour qu'on puisse prendre non-seulement des bains de gaz généraux, mais aussi des bains locaux, selon qu'il on peut les désirer : pour les extrémités supérieures et inférieures, pour les yeux, les oreilles, le nez ; tout est si bien arrangé dans ce but que Herpin, qui le premier a fait connaître en France les bains d'acide carbonique, se montre très-satisfait des dispositions qu'il a trouvées à Rippoldsau.

Nous ne nous arrêterons pas aux effets généraux et locaux que produit un bain de gaz, tout le monde les connaît.

On emploie ces bains dans les maladies qui sont sous la dépendance d'un trouble dans les fonctions de la peau : quand celle-ci est flasque et atonique ; quand il faut réveiller la force vitale de cette membrane, détruite ou diminuée par suite d'une maladie ; quand il faut réveiller l'activité des vaisseaux absorbants qui ne fonctionnent plus, comme cela s'observe si souvent quand il y a un œdème des jambes après une maladie grave.

On les emploie encore contre l'atonie et le boursouflement des muqueuses, dans les rhumatismes chroniques et dans les névralgies rhumatismales ; dans ces cas, les bains de gaz rétablissent quelquefois l'activité de la peau qui était supprimée, déterminent la résorption des dépôts qui auraient pu se faire dans les gaînes nerveuses et calment l'irritabilité des nerfs.

Mentionnons encore les bains de vapeur qui sont administrés dans un cabinet particulier. Ces bains sont alimentés par les vapeurs qui proviennent de la grande chaudière des bains, et tous les arrangements sont pris pour qu'entre les bains généraux on puisse à volonté prendre des bains de vapeur locaux ou des douches de vapeur. De même il y a des appareils spéciaux pour donner des bains de vapeurs aromatiques. Les bains de vapeurs de pointes de sapin et de vapeurs de résine de sapin sont administrés dans le même cabinet.

4° *Bains de pointes de sapin.*

Ces bains employés depuis longtemps en France comme remède populaire, ont pris dans ces derniers temps une grande extension dans le nord de l'Allemagne sous forme de bains ordinaires dans une baignoire, de bains de vapeur de pointes de sapin et de bains de vapeur de résine de sapin. Comme Rippoldsau est entouré d'immenses forêts de sapins, ces bains y ont pris un grand développement, d'autant plus que leur efficacité est considérablement augmentée par l'usage à l'extérieur d'une eau minérale ferrugineuse.

En Thuringe on livre au commerce, pour la fabrication des bains, sous forme de décoction ou d'extrait, le résidu de l'opération qui se fait pour extraire la *laine de bois.* Mais comme ces bains ne sont efficaces que parce qu'ils renferment beaucoup d'éléments très-volatils, il est évident que les bains préparés avec ces décoctums n'ont plus les mêmes propriétés thérapeutiques que quand ils sont préparés avec des substances toutes fraîches, telles qu'on les obtient par la distillation et l'infusion de matières fraîches, car la physiologie a prouvé que les éléments volatils sont absorbés par la peau.

Ces bains sont préparés de la même manière qu'en

Thuringe. Les pointes fraîches sont pilées, puis enfermées dans une chaudière en cuivre hermétiquement fermée; on y fait passer de la vapeur d'eau bouillante qui va se condenser dans un appareil réfrigérant après s'être chargée de vapeurs volatiles. A la surface du produit de distillation surnage une huile éthérée (*oleum pini œthereum*) qu'on est obligé d'enlever si on veut éviter une trop grande irritation de la peau et une trop grande excitation de l'organisme de son action.

On mélange ensuite le produit de la distillation avec l'infusum de la chaudière et on mêle ce composé à l'eau de la baignoire en proportion variable selon la puissance qu'on veut donner au bain. Les parties actives de ces bains sont de l'huile éthérée, de la résine, de l'acide formique et tannique et des substances extractives amères.

Ce sont principalement l'acide formique et les autres éléments volatils qui constituent les parties actives de ces bains et qui leur donnent leurs propriétés thérapeutiques, car on sait quelle influence puissante exerce sur l'économie animale une dose même très-petite de ces substances; aussi est-il de la plus haute importance de les retenir dans le bain.

Comme action générale, ces bains produisent un effet vivifiant, excitant; ils augmentent l'activité de la peau, diminuent sa torpeur, augmentent sa température et ses sécrétions. Aussi sont-ils indiqués :

Quand il y a irritabilité morbide de la peau qui est devenue très-sensible aux changements de température, à l'humidité, avec tendance à des inflammations consécutives, reflexes des muqueuses;

Dans les catarrhes chroniques des muqueuses, ayant un caractère torpide ; dans le rhumatisme et la goutte chroniques pour activer la résorption et provoquer ainsi la disparition des exsudats qui se sont faits dans les gaînes des nerfs et des tendons ;

Dans les névralgies et les paralysies, quand ces maladies ont pour point de départ une augmentation de la sensibilité du système nerveux périphérique ou un trouble des fonctions de la peau, et enfin dans les exanthèmes cutanés chroniques.

Dans les maladies tenaces, quand on veut agir d'une façon plus intense et plus active, on alterne avec des bains de vapeur de résine de sapin, bains qui pour la première fois ont été employés en France par Chevandier et Benoît et introduits en Allemagne par Zimmermann. La manière d'administrer ces bains de vapeur de résine et les bains de vapeur de pointes, est très-simple.

Tout l'entourage de Rippoldsau est une *salle d'inhalation* naturelle.

Pour préparer chez soi des bains de pointes de sapin, il suffit de piler et de broyer menu ces pointes, de les mettre dans un vase en bois, de verser par-dessus de l'eau bouillante et de recouvrir le tout d'un couvercle, en ayant soin d'interposer des draps pour que les vapeurs ne puissent pas s'échapper. On obtient ainsi un infusum fortement aromatique qu'il suffit de mêler à l'eau de la baignoire pour préparer un bain très-efficace.

Nous rappellerons encore ici les pastilles digestives de Rippoldsau, dont on expédie annuellement au moins 10,000 boîtes et qui sont un remède très-agréable et

très-efficace contre les troubles de la digestion ; on les
emploie particulièrement dans les digestions paresseuses, douloureuses, accompagnées d'éructations ;
quand l'estomac et le tube digestif ont de la tendance
à l'acidité, quand il y a des vomituritions de mucosités
comme dans le pyrosis : toutes ces manifestations ne
sont pas rares chez les personnes à dispositions hémor-
rhoïdaires ou goutteuses.

Ces pastilles trouvent très-souvent leur emploi chez
les enfants qui ont en général de la tendance à une
sécrétion acide exagérée et qui prennent très-facilement
de cette manière un médicament qu'on leur présente
sous une forme agréable au palais. On en prend de
quatre à huit après le repas ou à différents moments de
la journée.

On les expédie dans des boîtes étiquetées du poids
de 60 grammes environ, en y joignant une notice sur
leur mode d'emploi.

L'eau minérale de Rippoldsau s'expédie par bouteilles
qui sont parfaitement bouchées à l'aide de la machine
de Hecht ; on sait que par ce procédé l'intervalle qui
existe entre le bouchon et l'eau est rempli par de l'acide
carbonique au lieu de l'être par de l'air.

On expédie en moyenne 300,000 bouteilles par an en
Allemagne seulement. On prend de l'eau de la Josephsquelle qui est la plus riche en éléments fixes, qui sont
aussi le mieux combinés avec l'acide carbonique. Le
meilleur moyen de conserver l'eau, c'est de mettre les
bouteilles dans une cave fraîche en les posant sur du
bois.

Un des obstacles à la consommation de cette eau en

France, c'était principalement le droit dont les bouteilles allemandes étaient frappées en entrant dans ce
pays et qui rendait cette eau beaucoup trop chère ;
M. Gœringer a eu l'heureuse idée de faire fabriquer ses
bouteilles en France et de faire autoriser son eau par
le gouvernement français. Maintenant elle ne paie plus
de droit, ce qui permet à son propriétaire de la livrer
aux mêmes prix que les eaux analogues françaises et
étrangères qu'elle prime par la quantité énorme de gaz
et par un embouteillage spécial.

CHAPITRE XI.

Influence climatérique et altitude.

Ces deux éléments sont pour le malade d'une grande importance dans le choix d'une station thermale. Si une situation élevée, dit Helft dans sa *Balnéothérapie*, une atmosphère un peu irritante et activant la circulation sont utiles surtout dans les affections chroniques des organes du bas-ventre quand il y a vénosité prédominante, dans les affections catarrhales de la muqueuse digestive avec tendance à l'atonie*, ainsi que dans les affections hystériques et hypochondriaques qui ont l'anémie pour point de départ ; en revanche les malades affaiblis, épuisés, ceux qui souffrent d'affections des voies respiratoires , ceux chez lesquels prédomine une prédisposition aux inflammations, sont obligés de choisir une station peu élevée dont le climat soit bien doux et bien chaud.

Rippoldsau, situé presque à 600 mètres au-dessus du niveau de la mer, entouré de montagnes, protégé du côté du nord et de l'est, au milieu de forêts considérables de conifères, possède une atmosphère limpide, pure, rafraîchissante, qui par son élévation est déjà un moyen thérapeutique puissant pour les malades dont la constitution porte l'empreinte de la torpeur et de l'atonie. Comme la pression atmosphérique est moindre et la respiration plus fréquente, la circulation cutanée est plus rapide et les organes internes se trouvent délivrés de la pression qu'exerçait sur eux une quantité de sang trop considérable. Des hyperémies du système digestif se dissipent quelquefois, rien que par la transplantation du malade dans cette atmosphère. Le sang s'oxygène davantage, il devient plus actif, plus vivifiant et réagit de la même manière sur tout l'organisme ; de là le sommeil profond et réparateur dont on jouit à Rippoldsau, et ce sentiment de bien-être et de légèreté qui pénètre tout l'organisme.

OBSERVATIONS.

Obs. Iʳᵉ. *Dyspepsie. Catarrhe gastro-intestinal.* Un homme de quarante ans souffrait depuis six ans à la suite de travaux intellectuels auxquels il se livrait sans interruption, de troubles de la digestion qui devenaient de jour en jour plus pénibles et plus tenaces ; après chaque repas il ressentait une douleur pesante et térébrante dans la région épigastrique, un sentiment de plénitude et de lourdeur dans l'estomac et des envies de vomir ; ajoutez à cela la perte de l'appétit, des renvois acides, du pyrosis, des selles irrégulières, la tête prise, le caractère devenu irritable, le sommeil agité. Ces symptômes morbides, ainsi que l'amaigrissement progressif qui en fut la suite, décidèrent le malade à venir à Rippoldsau pour y suivre un traitement complet. Dès la première semaine son état s'améliora, et quatre semaines suffirent pour le rétablir complétement.

Obs. II. *Cardialgie.* Un jeune négociant âgé de vingt ans, un peu faible de constitution, après avoir mené pendant plusieurs années une vie très-irrégulière et s'être livré à des excès fréquents, souffrait de troubles des organes digestifs ; il était fréquemment incommodé par un sentiment de pesanteur et de tension de la région épigastrique, sentiments douloureux qui allaient souvent jusqu'à devenir une cardialgie très-violente, compliquée de lassitude générale, de douleurs de tête, de vertiges, de palpitations, de refroidissement des extrémités, de douleurs névralgiques variées et de manifestations hypochondriaques. Un traitement de quatre semaines par l'eau minérale prise en boisson et en bains, le débarrassa complétement de son affection.

Obs. III. *Affections digestives.* M. Fr., médecin à A..., âgé de trente-huit ans, fortement constitué, souffrait depuis plusieurs années d'une violente douleur pesante et constrictive qui se déclarait le plus souvent pendant la digestion et qui se maintenait même dans les intervalles, quoique à un degré plus faible ; les

digestions elles-mêmes étaient lentes, paresseuses et s'accom-
pagnaient toujours d'un grand sentiment de malaise et de plénitude. En outre, le malade se plaignait beaucoup de lourdeur
de tête, de vertiges, dé somnolence, le moral était affecté et très-
irritable. Ce malade était devenu grondeur, incapable de se livrer
aux travaux intellectuels. Une cure de plusieurs semaines par les
eaux minérales lui rendit l'intégrité des fonctions digestives,
et à mesure que la digestion se rétablissait, le malade reprit sa
gaîté et sa bonne humeur d'autrefois.

Obs. IV. Un aubergiste de la campagne, R...., de L...., âgé de
cinquante-quatre ans, souffrait depuis nombre d'années de douleurs cardialgiques violentes, les digestions et la nutrition avaient
beaucoup souffert à la suite de cet état, à tel point que le malade
avait perdu tout espoir. Après un traitement de quatre semaines
par les natroïnes alcalino-salines employées concurremment avec
l'eau saline ferrugineuse de la *Josephsquelle*, son affection était
radicalement guérie, au point qu'il supportait parfaitement des
aliments et des boissons qu'il n'avait pu prendre depuis vingt ou
trente ans. La guérison fut durable, car il revint plusieurs années
de suite pour faire une nouvelle cure non pour cause de maladie, mais par reconnaissance, comme les malades ont l'habitude
de s'exprimer.

Obs. V. Une demoiselle, déjà d'un certain âge, souffrait depuis
un an à peu près de perte d'appétit complète, la langue était
toujours fortement chargée et elle éprouvait un dégoût invincible
pour presque toute espèce d'aliments. D'après le conseil de son
médecin elle avait déjà pris chez elle de l'eau minérale, et comme
de tous les moyens employés il n'y eut que l'eau de la *Josephsquelle* de Rippoldsau qui lui procurât un peu d'appétit et réglât
ses fonctions digestives, elle se décida à venir compléter sa cure
à la source même, où elle obtint en effet, en peu de temps, les
résultats les plus heureux.

Obs. VI. *Maladie du foie.* Mme Sch., de F...., âgée de quarante
ans, forte, corpulente, souffrait depuis plusieurs mois d'une

affection du foie qui se traduisait au dehors par un gonflement de l'organe accompagné de douleurs qui étaient parfois très-violentes et duraient des jours et des nuits entières. Ces douleurs partaient du foie pour s'irradier de là vers l'estomac et le dos ; les digestions étaient troublées, l'appétit presque perdu, car dans l'intervalle des attaques elle ne prenait qu'un peu de soupe et de petites quantités de viande rôtie ; de plus, elle était constipée, très-affaiblie et le moral s'était altéré. L'usage des eaux minérales fit disparaître rapidement tous ces symptômes morbides, et au bout de peu de temps elle revint à un état de santé parfait.

Obs. VII. *Pléthore abdominale*. Un fabricant de B...., âgé de quarante-six ans, à la suite d'une vie trop sédentaire jointe à l'usage d'une nourriture trop substantielle et de boissons spiritueuses abondantes, fut affecté de pléthore abdominale avec des stases dans les organes de cette région, à la suite desquelles il se développa des manifestations morbides très-variées ; ses digestions étaient troublées, les hypochondres douloureux, l'appétit irrégulier, la langue fortement chargée, l'haleine fétide, il avait des pyrosis et des envies de vomir, de la constipation, du gonflement du bas-ventre. La tête était lourde, il éprouvait des vertiges, le sommeil était agité et le sujet était devenu hypochondriaque.

Tout ce cortége de symptômes qui accompagne toujours la pléthore abdominale, céda rapidement à l'usage des eaux, car nous avons observé des centaines de cas de cette affection et dans tous, ces eaux minérales ont procuré une guérison rapide et radicale.

Obs. VIII. *Affection hémorrhoïdale*. M. K...., de Saint-G...., âgé de trente-trois ans, est frêle et délicat ; comme il mène une vie très-sédentaire en se livrant à des travaux intellectuels très-fatigants, il éprouve souvent des vertiges, des douleurs dans la partie postérieure de la tête qui constituent quelquefois de véritables attaques de migraine accompagnées de vomissements.

La digestion est délabrée, l'appétit faible et le moral et le système nerveux très-irritables et très-excitables. Dans ses jeunes années, le patient avait été affecté d'hémorrhoïdes donnant lieu à un écoulement périodique qui s'est supprimé il y a deux ans. Après une cure de quatre semaines le malade fut guéri complétement et son flux hémorrhoïdal avait reparu.

OBS. IX. *Anémie, troubles de la menstruation.* Mme A...., de B...., une dame très-délicate et âgée de vingt-cinq ans, était affectée, à la suite de couches répétées, de flueurs blanches et d'un état anémique qui se manifestait au dehors par une grande pâleur, par une menstruation peu abondante et très-douloureuse, par des palpitations, de la lassitude, par une irritation persistante de la muqueuse de l'arrière-gorge, par une irritabilité nerveuse générale et enfin par une paresse des fonctions du canal intestinal. L'eau minérale ferrugineuse, l'influence si salutaire de l'air des montagnes et des forêts la fortifièrent rapidement et elle ne tarda pas à se rétablir complétement.

OBS. X. *Troubles de la menstruation et affection des organes génitaux. Chlorose.* Mme D. S...., de T...., mariée depuis deux ans, a employé les eaux de Rippoldsau pour se guérir de douleurs de l'estomac compliquées de migraine qui revenaient périodiquement, et de troubles de la menstruation qui était toujours douloureuse et accompagnée de crampes ; en outre elle avait des flueurs blanches ; une cure par les eaux de Rippoldsau la débarrassa radicalement de toutes ses souffrances.

OBS. XI. M. St...., de Th...., était convalescent d'une fièvre typhoïde, mais sa convalescence ne marchait que très-lentemenet il était encore affaibli et anémique à un haut degré ; déjà long-temps avant son affection typhoïde il souffrait d'hypertrophie du foie et de stases sanguines dans le système de la veine-porte. Il obtint un bon résulat de l'usage de notre eau minérale prise en boisson.

OBS. XII. Mlle St...., de B.. ., âgée de vingt deux ans, affectée de chlorose, employa avec un plein succès les eaux de Rippoldsau, tandis que les cures antérieures qu'elle avait faites par des eaux minérales purement ferrugineuses ne pouvaient pas être continuées, car elles lui causaient des violents maux de tête et des constipations opiniâtres.

Obs. XIII. Mme Sch...., de Saint-P...., mariée depuis douze ans et sans enfants, était affectée d'hémorrhoïdes, de douleurs névralgiques variées, de troubles de la menstruation qui était toujours accompagnée de douleurs et de crampes, l'écoulement étant toujours peu abondant et peu coloré; en même temps elle présentait des flueurs blanches. Tous ces symptômes morbides disparurent déjà pendant la durée de la cure.

Obs. XIV. Mme St...., de Z...., était accouchée il y a un an et demi d'un enfant de sept mois. Elle avait eu des pertes presque continuelles pendant toute sa grossesse, aussi était-elle arrivée à un haut degré d'anémie et de faiblesse nerveuse. L'usage des eaux minérales secondées par des bains frais et l'influence de l'air des montagnes la rétablirent complétement.

Obs. XV. Une jeune Hollandaise, âgée de vingt et un ans, chlorotique, et qui à côté de son état anémique avait une toux sèche très-inquiétante, se releva par l'usage des eaux de Rippoldsau avec une telle rapidité que les autres baigneurs en firent eux-mêmes l'observation et en furent émerveillés.

Obs. XVI. *Hypochondrie.* M. F. N...., âgé de trente-quatre ans, employé, de forte stature, se livrait beaucoup à des travaux intellectuels ; depuis nombre d'années il souffrait d'hémorrhoïdes, et depuis un an, d'hyperémie du foie et des autres organes digestifs et de constipation. Quoique l'appétit restât très-bon, la peau du visage devint jaune pâle, peu à peu l'amaigrissement du corps devint considérable et le sujet devint hypochondriaque ; il éprouvait les sensations morbides les plus variées, et enfin l'idée qui finit par prédominer chez lui, c'est qu'il était atteint d'une affection organique du cœur. Une cure de quatre semaines amena de bons résultats et au bout de quelques mois la guérison était obtenue d'une manière complète.

Obs. XVII. *Maladie génitale.* Un jeune homme de vingt-huit ans, appartenant à la classe savante, était très-affaibli à la suite d'excès sexuels auxquels il s'était livré dans sa jeunesse et qui plus tard avaient eu pour suite des pertes séminales abondantes ; son activité nerveuse était épuisée, son moral déprimé ; il avait de fréquents maux de tête, celle-ci se prenait facilement, il éprouvait des douleurs dorsales et lombaires, de la faiblesse et des sensations anormales dans les pieds qui le tourmentaient et lui faisaient envisager l'avenir avec beaucoup d'effroi. Aussi nous témoigna-t-il toute sa reconnaissance quand il eut éprouvé les bons effets d'une cure faite avec ces eaux minérales les plus fortes, et dans les années suivantes il vint souvent pour affermir les excellents effets qu'il avait obtenus à Rippoldsau.

CHAPITRE XII.

Les promenades et les excursions depuis Rippoldsau peuvent se faire selon les goûts et les forces des baigneurs, à pied, à cheval ou en voiture. Cette contrée magnifique est vraiment digne du crayon des artistes. Il nous est impossible de rendre dignement les impressions si variées et si profondes qu'on éprouve au milieu de cette nature si riche et si vivace et en même temps si pittoresque ; nous indiquerons sommairement les environs les plus dignes d'être visités par les touristes et les baigneurs.

La plus belle de toutes les promenades qui environnent Rippoldsau est, sans contredit, l'allée des tilleuls formée par des arbres séculaires et qui offre aux baigneurs à toutes les heures du jour un abri contre les rayons du soleil, sur une longueur de 260 mètres ; cette allée étant la continuation de la cour qui a déjà 80 mètres de longueur, elle offre aux malades un espace suffisant pour prendre l'exercice qui leur est si nécessaire pendant la cure. Une autre promenade favorite, c'est celle qui conduit au *Klösterlé* (petit couvent) soit par la route, soit par les chemins qui serpentent le long des montagnes des deux côtés de la vallée et qui viennent y aboutir.

Le *Klösterlé* est situé à vingt minutes de l'établissement dans une position très-riante. Il fut construit vers le milieu du douzième siècle par les moines du couvent

Saint-George de la Forêt-Noire. Jean de Falkenstein en fut le premier prévôt. Dans une bulle du pape Alexandre III, de 1179, il est question de la *cella sancti Nicolai in prædio Rippoldesowe.* Cette chapelle possédait beaucoup de terres et de rentes sur les villages environnants ; elle fut dès sa fondation sous la protection de la maison princière de Fürstenberg. Si, à partir du couvent, on continue sa promenade pendant une demi-heure en descendant la vallée, on arrive à un petit pont en bois hardiment jeté sur la Wolf qui, à cet endroit torrent rapide, traverse une gorge étroite de rochers. A côté de ce pont on remarque un poteau qui indique la route à prendre pour arriver à la cascade de Borgbach.

ROCHER ET CASCADE DE BORGBACH (RUISSEAU DU MANOIR).

Cette cascade est située à une lieue environ de l'établissement, au fond d'une sauvage vallée ; elle est formée par la petite rivière de ce nom et se précipite perpendiculairement d'une hauteur de 18 mètres le long d'une pente rocheuse et abrupte. Les rochers gigantesques de cette cascade et ceux qui l'environnent étaient inaccessibles il y a peu de temps encore, aujourd'hui ils sont d'un accès facile et sans danger.

Sur le versant oriental de la montagne, partie qu'on appelle le *Sommerberg* (montagne d'été), serpente en zig-zag et par une pente douce un magnifique chemin ombragé d'abord par des bosquets touffus plantés des deux côtés, et plus loin par une magnifique forêt de conifères qu'il traverse pour faire arriver le touriste devant le plus merveilleux monument que la nature ait créé dans ces environs, le Kasselstein.

KASSELSTEIN.

Le Kasselstein est une roche de grès gigantesque,
isolée, nue, dont la tête est ornée de quelques sapins
rabougris et dont la forme ressemble beaucoup à celle
d'un énorme champignon à tige élevée et que son cha-
piteau abrite contre le soleil et la pluie. Bien que cette
charmante excursion soit déjà très-intéressante par
elle même, rien que par le beau chemin qui y conduit
et par le plaisir qu'on éprouve à contempler cet immense
colosse, elle le devient encore davantage par la légende
qui s'y rattache et qui nous apprend qu'il y a cinq
siècles ce lieu si calme et si retiré servait de rendez-
vous à deux nobles amoureux qui pouvaient là, à l'ombre du mystère et de cette solitude, se faire de tendres
confidences et concevoir le plan qui devait assurer leur
bonheur. Voici cette légende sommairement racontée :

« Les frères Conrad et Werner, de Urslingen, avaient
une sœur nommée Célestine ; Werner avait promis sa
main à un certain Pepoli de Bologne. Or il arriva que
Célestine avait depuis longtemps, mais en secret, juré
amour et fidélité à Radolf Marschal, de Pappenheim,
qui sollicita ses frères de lui accorder sa main. Conrad
aurait vu cette union avec plaisir, car il aimait Radolf,
mais Werner refusa obstinément son consentement.

« Or il arriva (c'était vers 1330, comme on peut le
voir dans les mémoires du secrétaire intime du duc
Werner, Reinold Geisslingen) que Conrad alla avec sa
sœur Célestine au bain de Rippoldsau, très-bien situé
dans un pays sauvage et qui n'en était pas moins vi-

sité par une foule de malades et d'infirmes, tant ses eaux étaient bonnes à prendre en boisson et en bains. Aussi menait-on dans ce bain une vie très-joyeuse, car beaucoup de personnes bien portantes s'y rendaient pour prendre du plaisir et se régaler de poissons, de vin d'Affenthal et de Malvoisie. J'y ai été moi même, cependant il est difficile d'y trouver un logement, car la foule y est si grande que bon nombre de personnes sont logées sous des huttes en planches et sous des tentes. Marschal Radolf ne manqua pas de s'y rendre aussi, il espérait que puisque Conrad y était seul (sa sœur l'en avait fait prévenir en cachette), il pourrait obtenir de lui pendant l'absence de Werner son consentement pour son union avec Célestine. Mais il ne parvint pas à décider Conrad, qui redoutait le caractère rude et violent de Werner ; il se retranchait toujours derrière la promesse que son frère avait faite à Pepoli, et Radolf fut obligé de s'en aller sans avoir rien obtenu. Mais il n'alla pas loin, il s'était entendu avec Célestine pour se voir tous les jours au Kasselstein, où elle se rendait accompagnée de la dame Jutta, son amie d'enfance et sa confidente, pendant que le seigneur Conrad se livrait aux plaisirs de Bacchus et du jeu de dés. C'est près de cette roche qu'ils arrêtèrent le plan qui devait assurer leur bonheur. Ils avaient encore pour confident le seigneur de Geroldsegg, Conrad Stauffen, et comme on le soupçonne, le prieur d'Alpirsbach, ami de Marschal. Il fut décidé que quand le duc Conrad se dirigerait vers Waldenbach, Marschal s'embusquerait sur son chemin, le ferait prisonnier et le retiendrait en captivité jusqu'à ce qu'il lui eût accordé la main de Célestine; et ainsi fut fait. Rodolf de Pap-penheim s'embusqua avec ses gens sur le chemin de Waldenbach, s'empara du duc Conrad et l'emmena pri-sonnier dans son château de Mark, près d'Augsbourg, et l'y traita magnifiquement. Au commencement, Conrad eut bien envie de se fâcher, mais il finit par rire du tour qu'on lui avait joué, et comme tous les chevaliers, et surtout le prieur d'Alpirsbach, qui avait beaucoup d'influence sur lui, plaidaient en faveur de Pappenheim, il finit par se rendre à leurs sollicitations. Il alla chercher le consentement de Werner, qu'il obtint moyennant 500 florins d'or, car ce noble sei-gneur avait toujours besoin d'argent, et c'est ce qui le décida, quoiqu'il en gardât toujours un peu rancune, comme je suis porté à le croire. Le comte et la com-tesse Jutta de Geroldsegg accompagnèrent Célestine à Mark et les noces furent célébrées à Werlingen. C'est aussi là qu'elle fut enlevée beaucoup trop tôt à la tendresse de son mari.»

Nous ignorons complétement si à cette époque déjà le Kasselstein avait la forme qu'il présente aujourd'hui, ou s'il n'était qu'un bloc de pierres grossier et informe; mais ce qui est très-probable, c'est que le chemin qui y conduisait alors à travers des roches abruptes et des broussailles, devait être très-pénible. Aussi de nos jours dame Célestine arriverait-elle avec beaucoup moins de peine à son rendez-vous, car M. Gœringer a fait frayer un chemin excellent qui permet d'arriver à cette roche avec la plus grande facilité, et qui sait si les Célestines de notre temps ne lui doivent pas beaucoup de reconnaissance pour la facilité qu'il leur a donnée de se rendre auprès du mystérieux Kasselstein.

Une autre promenade qu'on fait encore souvent, est celle qui le long de la route remonte la vallée, et conduit au Kniebis. Les baigneurs même les plus faibles peuvent sans se fatiguer faire cette petite promenade, qui est à peu près d'une demi-lieue pour arriver au pied du Kniebis, point où le chemin tourne à gauche dans la vallée du Holzwald.

HOLZWÆLDERTHAL (VALLÉE DE LA FORÊT).

En continuant sa promenade à travers cette petite vallée si pittoresque, on jouit au fur et à mesure que l'on monte, de vues de plus en plus pittoresques dans le Wolfthal (vallée de la Wolf), dans laquelle on aperçoit des chaumières perchées sur des pentes de montagnes à des hauteurs considérables. Après trois quarts d'heure de marche on arrive au sommet des montagnes appelé *Holzwælderhœhe* (sommet du Holzwald).

A ce point, qui a une élévation de 916 mètres, on jouit d'une perspective merveilleuse et véritablement magique : à l'ouest et au nord s'élève le majestueux Kniebis avec ses masses gigantesques de forêts ; dans l'arrière-fond on voit le Rhin qui se déroule comme un immense serpent argenté, la cathédrale gigantesque de Strasbourg, dont la flèche s'élance jusque dans les nues, et toute la plaine bleuâtre de l'Alsace, parsemée de villes et de villages et bordée partout par les dentelures de la chaîne des Vosges. Sur cette hauteur on a élevé une charmante maisonnette construite en bois et recouverte d'écorce qu'on appelle *Repos de Sophie* (So-phienruhe), et quand il fait beau il ne se passe guère de jour qu'on n'y rencontre des visiteurs qui y sont montés depuis Rippoldsau ou du bain de Griesbach, situé à proximité.

GLASWALDSEE OU WILDSEE (LAC DE WILDSEE).

Une promenade qui est déjà plus éloignée et plus fatigante, c'est celle qui conduit au Wildsee, situé à 858 mètres d'élévation dans une gorge étroite ; il a la forme d'une cuve et est entouré de toutes parts de forêts. Il y règne une tranquillité et un calme remarquablement mélancoliques.

Ce lac a une forme ronde, un quart de lieue de circonférence et un diamètre de 336 pas ; sa profondeur est de $10^m,50$; il ne paraît pas avoir de sources propres. D'après la tradition, ce lac rompit au dix-septième siècle ses digues naturelles et détruisit près de 400 fermes et chaumières situées dans les vallées de Schappach, de Wolfach et de la Kinzig, le long de la Wolf et de la Kinzig. On construisit une digue artificielle que les eaux du lac trop fortement tendues rompirent en 1751, en exerçant ainsi pour la seconde fois des ravages considérables dans les vallées voisines. Une nouvelle rupture n'est guère probable, car la digue nouvelle est construite en pierres de taille massives et colossales. On utilise les eaux de ce lac pour le flottage du bois sur la Seebach.

Comme but de promenades plus éloignées, nous avons encore l'auberge de Seeben, les excursions sur le

Kniebis et sur les restes de retranchements qu'on y retrouve, la *Alexanderschanze* (redoute d'Alexandre), à 973 mètres, la *Schwabenschanze*, sur le Rossbühl, la *Schwedenschanze*, à 966 mètres au-dessus de la Méditerranée, et enfin une des parties de plaisir les plus belles, les plus intéressantes, mais qui est déjà très-éloignée, c'est une excursion aux *Cascades d'Allerheiligen*.

Citons encore d'autres excursions que font quelquefois les baigneurs, et qui consistent à aller à Wolfach, à Gutach et dans la vallée de Kimbach, si renommée pour la beauté de ses femmes, à Schiltach, à Schenkenzell, à Witichen, à Alpiersbach, à Hornberg et à Tryberg avec sa magnifique cascade.

Les baigneurs vont souvent visiter les bains environnants: Griesbach, Petersthal, Freyersbach et Antogast.

Il faut aussi voir la petite ville industrielle de Freudenstadt (dans le Wurtemberg) avec son église, bâtie en 1559, au-dessus d'une montagne ; elle était destinée aux ouvriers des mines d'argent qu'on exploitait à cette époque.

Donnons en finissant une mention spéciale à la table de Rippoldsau, qui est très-bonne et très-bien servie.

MOYENS DE COMMUNICATIONS.

Chemin de fer de Paris à Kehl. Prendre la poste à Appenweier, si on veut aller à Rippoldsau, par la vallée de la Rench, Petersthal, Griesbach, ou la diligence à Offenbourg, si on veut traverser la vallée de la Kinzig, par Gengenbach, Wolfach etc.

TABLE DES MATIÈRES.

FIN DE LA TABLE DES MATIÈRES.